1948 Heft 5/6

EMA

DIE ELEKTRISCHE MASCHINE

Mitteilungen für das Deutsche Elektromaschinenbauerhandwerk

Herausgegeben von Zivilingenieur Fritz Raskop, Sachverständiger für elektrische Maschinen · Technischer Verlag Herbert Cram, Berlin W 35

EMA
DIE ELEKTRISCHE MASCHINE
1948 Heft 5/6

Fritz Raskop:

Rekonstruktion der Wickeldaten bei Drehstrommotoren

Die Auswirkungen des entwicklungsmäßigen Fortschrittes im Drehstrommotorenbau auf die Abmessungen, Gewichte und Wickeldaten der Motoren

Infolge der Kriegsereignisse sind die Wickeldatenarchive der Elektromaschinenfabriken. Instandsetzungswerkstätten und die im Privatbesitz befindlichen Sammlungen zu einem großen Teil in Verlust geraten.
Es wird daher eine bevorzugte Aufgabe des Elektromaschinenbauerhandwerkes sein, die verlorengegangenen wichtigen Unterlagen durch gegenseitigen Austausch und persönlicher Initiative wieder zusammenzutragen sowie Mittel und Wege zu suchen, um den diesbezüglichen Anforderungen durch Einleitung von Ueberbrückungsmaßnahmen entsprechen zu können.
Diesem Zwecke sollen die nachstehenden Ausführungen dienen.

In den Kinderjahren des Drehstrom-Asynchronmotors stand der
normale, offene Drehstrommotor
im Vordergrund des Interesses.

Durch eine sehr reichliche Dimensionierung des wirksamen Eisens (relativ geringe magnetische Dichte) und eine geringe spezifische Strombelastung des Wicklungsmetalles (Stromdichte je qmm Leiterwerkstoff) gelangte man zu hohen Totalgewichten und erheblichen Ausmaßen der Motoren.

Die damals zulässigen bzw. üblichen Temperatur-Grenzwerte an dem wirksamen Eisen und den Wicklungen waren im Vergleich zu den heute zulässigen Werten sehr gering.

In dem Bestreben der Erbauer, die Maße und Gewichte und damit den Preis je Leistungseinheit herabzusetzen, wandte man sich zunächst einer Verbesserung in der Abführung der Stromwärme aus den Wicklungen zu (Anordnung von Lüfterflügel auf der Läuferwelle). Später kombinierte man die zusätzliche Kühlung mit einer Heraufsetzung der Temperatur-Grenzwerte am wirksamen Eisen und an den Wicklungen.

Im weiteren Verlauf der Entwicklung wurde die zusätzliche Kühlung immer wirksamer, nachdem neben den Lüfterflügeln die passiven Gehäuseteile (Lagerschilder, Mittelstücke usw.) durch Anordnung vergrößerter Abstrahlflächen mit in den Kühlvorgang einbezogen wurden. (Rippenkühlung, Oberflächenkühlung).

Einen entscheidenden Fortschritt in dieser Richtung erbrachte der

L a c k d r a h t ,

nachdem dieser Werkstoff das Vertrauen der Motorenhersteller gefunden und in die Wärmeklasse B eingereiht worden war. Durch die großzügige Anwendung des Lackdrahtes bei Kleinmotoren bis etwa 7,5 kW entstanden die heutigen, elektrisch, thermisch und magnetisch hochausgenutzten Drehstrommotoren, unter denen die oberflächengekühlten Typen einen ständig größeren Raum einnehmen.

Diese, vorstehend nur in großen Zügen skizzierte Entwicklung im Drehstrommotorenbau muß man eingehend studieren, um bei der Rekonstruktion verlorengegangener Ursprungs-Wickeldaten auf das Ergebnis dieses Studiums zurückgreifen zu können. Die Rekonstruktionsarbeit wird durch eine sorgfältige Sammlung der von den Herstellern herausgegebenen Preislisten erheblich erleichtert. Diese Listen enthalten in der Regel die Abbildungen, Abmessungen und Totalgewichte, sowie weitere wichtige Daten über Leistung, Verwendungszweck, Stromaufnahme, Wirkungsgrad, Leistungsfaktor usw. der Motoren.

Maße, Gewichte und Leistungsangaben sind außerordentlich wichtige Merkmale für die Rekonstruktion der Wickeldaten. Sie gestatten im Regelfalle die Festlegung des Baujahres und einen Rückschluß auf die ursprüngliche Schildleistung der Motoren.

Lackdrahtwicklungen anstelle von Wicklungen aus umsponnenen Drähten

Wie schon eingangs erwähnt, hat die Anwendung des Lackdrahtes im neuzeitlichen Drehstrommotorenbau eine erhebliche Auswirkung auf die Maße und Totalgewichte der Motoren unter Beweis gestellt.

Selbst bei der immer mehr angewandten T r ä u f e l w i c k l u n g (Wildwicklung) werden die Dimensionen der Nuten im wirksamen Eisen gegenüber des erforderlichen Nutenraumes bei 2 • Bw. umsp. Drähten bis zu 60% kleiner.

Hierzu kommt vielfach noch die Verwendung besonders dünnwandiger, dielektrisch hochwertiger Nutenisolationen, die eine weitere Raumeinsparung ermöglichen.

Der hierdurch zusätzlich gewonnene, wirksame Eisenquerschnitt kann daher zugunsten der spezifischen Leistungseinheit des Motors eingesetzt werden.

Da der Lackdraht aber auch außerhalb der Nuten einen ganz erheblich geringeren Wickelraum (passiver Wickelraum) belegt und überdies die Abgabe der Wicklungs-Stromwärme an die Kühlluft bei Lackdraht weitaus schneller vor sich geht als bei 2 • Bw. umsp. Drähten, so wirken sich diese Faktoren sehr beachtlich auf die Außenmaße und Totalgewichte der Motoren aus.

Es bleibt jedoch von Fall zu Fall festzustellen, ob es sich in einem gegebenen Falle um einen vom Hersteller von Grund auf für Lackdrahtwicklungen ausgelegten Motor handelt, oder ob die ursprüngliche Wicklung aus umsp. Drähten bereits gelegentlich einer Neuwicklung durch eine Lackdrahtwicklung ersetzt wurde.

Im ersteren Falle scheiden in der Regel 2 • Bw. umsp. Drähte gelegentlich einer Neuwicklung aus, weil weder der Nutenraum, noch der Wickelraum außerhalb der Nuten bei gleicher Leiterzahl und Leiterquerschnitt für 2 • Bw. umsp. Drähte ausreicht.

Man wird aber auch bei Anwendung von Lackdrähten bei neuzeitlichen, elektrisch und magnetisch hochausgenutzten Drehstrommotoren nur dann zu einem befriedigenden Ergebnis kommen, wenn man die vom Hersteller gewählte, hohe Stromdichte im Leitermetall (bis zu etwa 6,5 Amp/qmm Kupferquerschnitt) bei der Daten-Rekonstruktion richtig einschätzt.

Während beispielsweise die Ständerwicklung des Drehstrommotors AEG. Typ D 1500—7,5, 380/220 V. 5,5 kW, 1450 n (ältere Type) von der Herstellerin mit einem 2 • Bw. umsp. Draht von 2,0 mm-Ø = 3,14 qmm Querschnitt hergestellt wurde, wählt die Fa. Elin-Schorch bei ihrem neuzeitlichen Modell LK 42/4, 5,5 kW, 380 V. D r e i e c k , 1390 n zwei parallele Lackdrähte von 0,8 mm-Ø. In Dreieckschaltung würde sich ein totaler Leiterquerschnitt von 1,73 qmm, entsprechend eines Runddrahtes von etwa 1,5 mm-Ø ergeben.

An diesem Vergleich ist recht deutlich erkennbar, wie einschneidend die Unterschiede bezogen auf das Baujahr der Drehstrommotoren sein können. Beide, vergleichsweise gegenübergestellte Motoren haben eine Schildleistung von 5,5 kW = 7,5 PS (Dauerleistung). Der AEG-Motor ist etwa bis zum Jahre 1914 gebaut worden, während der Elin-Schorchmotor etwa im Jahre 1940 erstmalig hergestellt wurde und alle Merkmale des hochausgenutzten, neuzeitlichen Drehstrommotors aufweist.

Der AEG-Motor hat einen lichten Ständerdurchmesser von 165 mm und eine Packlänge von 200 mm (totale Polfläche = ca. 1036 qcm) während der Elin-Schorchmotor einen lichten Ständerdurchmesser von 135 mm und eine Packlänge von 90 mm (totale Polfläche = 381,6 qcm) aufweist. Die Unterschiede in den Abmessungen des wirksamen Eisens sind also sehr bedeutend. Sie kennzeichnen recht deutlich den entwicklungsmäßigen Fortschritt im Drehstrommotorenbau, zeigen aber auch gleichzeitig die Schwierigkeiten auf, die bei der Rekonstruktion der Wickeldaten anhand des vorgefundenen wirksamen Eisens und der Schildangaben in Erscheinung treten.

Lackdraht anstelle 2 • Bw. umsp. Drähte bei Neuwicklungen

Die Vorteile, welche der Lackdraht gegenüber der 2 • Bw. umsp. Drähte bietet, verleiten den Instandsetzungsfachmann sehr leicht zu dem Entschluß, eine vorgefundene Wicklung aus 2 • Bw. oder ähnlichen Drähten durch eine Lackdrahtwicklung zu ersetzen. Es ist anzunehmen, daß in den überwiegenden Fällen die Leiterzahl je Nute und der vorgefundene Leiterquerschnitt unverändert beibehalten wird. Man darf auch annehmen, daß im Regelfalle die vorgefundene Wicklungsart beibehalten, also lediglich der Werkstoff für die Wicklung geändert wird.

In diesem Falle wird man mit folgenden Ergebnissen rechnen müssen:

a) der gewichtsmäßige Bedarf an Wickeldraht wird geringer,
b) die Abgabe der Stromwärme an die Kühlluft wird besser und daher die Temperaturen am wirksamen Eisen und an der Wicklung (bei gleicher Leistungsabgabe des Motors) geringer,
c) die Auswirkung zu — b — ist etwa gleichbedeutend mit einer höheren Belastbarkeit des Motors,
d) der Leerlauf- und Kurzschlußstrom wird höher, weil die gestreckte Drahtlänge einer Wicklungsphase (ohmscher Widerstand) unter Beibehalt der vorgefundenen Leiterzahl und des Leiterquerschnittes geringer wird,
e) damit ändert sich aber auch die gesamte Leistungscharakteristik des Motors.

War ein solcher Motor vor Herstellung der Lackdrahtwicklung schon nicht voll ausgenutzt, so wirkt sich die Lackdrahtwicklung inbezug auf den Stromverbrauch negativ aus. Der Stromverbrauch wird bei gleicher Leistungsentnahme höher, als vorher.

Berücksichtigt man ferner, daß der für umsp. Drähte ausgelegte Nutenraum beim Übergang auf Lackdraht nur etwa zur Hälfte ausgefüllt wird, so ist man leicht geneigt, den Lackdrahtquerschnitt größer zu wählen. In diesem Falle wirkt sich der Unterschied noch merkbarer aus.

War der in Betrachtung stehende Motor älteren Baujahres mit einer Einschicht-Zweietagen-Handwicklung (Normalfall) ausgerüstet und wird diese Wicklungsart im Rahmen der Neuwicklung etwa durch eine Einoder Zweischichten-Träufelwicklung ersetzt, dann ergeben sich noch größere Differenzen, ganz besonders aber dann, wenn hierbei der Wickelschritt entgegen dem vorgefundenen Schritt verkürzt gewählt wird.

Man kann daher für den Regelfall keinesfalls anstelle umsponnener Drähte ohne Gefahr einfach Lackdrähte verwenden. Vielmehr wird man unter sorgfältiger Berücksichtigung der jeweils vorliegenden Betriebsverhältnisse im Regelfalle darauf bedacht sein, die ursprüngliche Leistungscharakteristik beizubehalten.

Dieses Ziel kann durch eine geringe Erhöhung der Leiterzahl im Ständer unter Beibehalt des ursprünglichen Leiterquerschnittes und der Wicklungsart erreicht werden.

Wird die Wicklungsart gleichzeitig geändert und möglicherweise noch der Wicklungsschritt verkürzt, dann muß die Leiterzahl je Nute noch um ein weiteres Maß erhöht werden.

Selbstverständlich wird in manchen Fällen eine erhöhte Leistungsabgabe des Motors vorteilhaft sein. Diese Möglichkeit sollte man schon aus grundsätzlichen Erwägungen nur dann in Betracht ziehen, wenn tatsächlich eine Notwendigkeit vorliegt und der Auftraggeber den Wunsch nach Leistungserhöhung eindeutig geäußert hat.

Aus diesen Hinweisen erklärt sich u. a. auch die Beobachtung, die beim Übergang zur Träufelwicklung hinsichtlich des erhöhten Leerlaufstromes vielfach in den Instandsetzungswerkstätten gemacht wird.

Lediglich der Vollständigkeit halber sei darauf hingewiesen, daß das umgekehrte Verhältnis eintritt, wenn eine vorgefundene Ein- oder Zweischichten-Träufelwicklung gelegentlich einer Neuwicklung in eine Einschicht-Zweietagen-Handwicklung geändert wird. Auch diese Fälle kommen häufiger vor, als anzunehmen ist.

Es ist erklärlich, daß in solchen Fällen die gestreckte Drahtlänge einer Wicklungsphase größer als vorher, der Leerlauf- und Kurzschlußstrom demnach geringer wird.

Die Unterschiede werden größer, wenn die vorgefundene Formspulenwicklung mit verkürztem Wickelschritt (fast immer der Fall) ausgeführt war. Die Einschicht-Zweietagen-Handwicklung hat stets einen Wickelschritt = Polteilung. Es ist hierbei gleichgültig, ob die vorgefundene Formspulenwicklung in Lackdraht oder umsp. Draht ausgeführt war. War jedoch das letztere der Fall, dann ist die Auswirkung nicht so einschneidend, als wenn anstelle des vorgefundenen Lackdrahtes ein umsp. Draht (selbst wenn es sich nur um Lack, 1 · S. handelt) gewählt wird.

War ein solcher Motor bereits v o r der Neuwicklung betrieblich voll ausgenutzt, so kann der Fall eintreten, daß derselbe nach Ersatz der Ständerwicklung nicht mehr den betrieblichen Anforderungen genügt und somit eine nochmalige Neuwicklung erforderlich wird. Ein solcher Fall liegt nahe, wenn es sich beispielsweise um einen Kompressor-Antrieb oder um einen Antrieb handelt, wo ein bestimmtes Anlaufdrehmoment des Motors verlangt wird.

Gesichtspunkte für die Rekonstruktion der Wickeldaten bei Drehstrommotoren

Wie vorstehend dargelegt, sind bei der Rekonstruktion verlorengegangener Wickeldaten eine ganze Anzahl mehr oder weniger wichtiger Faktoren zu berücksichtigen. Es ist wichtig festzustellen, daß der im einzelnen dargelegte entwicklungsmäßige Fortschritt im Drehstrommotorenbau sich auch auf die relative Leiterzahl in der Ständerwicklung auswirkt. Diese ist bei den elektrisch, magnetisch und thermisch hochausgenutzten, neuzeitlichen Drehstrommotoren geringer, u. U. sogar ganz wesentlich geringer als bei den Motoren älterer Baujahre gleicher Leistung und Drehzahl, wenn als Einheit 1 qcm der jeweils vorliegenden Polfläche zugrunde gelegt wird.

Diese Erscheinung erklärt sich einerseits aus der besseren Ausnutzung des wirksamen Eisens (durch Raumeinsparung bei Lackdrahtwicklungen), andrerseits aber auch aus einer spezifisch hohen magnetischen Sättigung des wirksamen Eisens und aus den Kühleffekten der zusätzlichen Kühlung.

Bezogen auf einen bestimmten wirksamen Eisenquerschnitt wird die magnetische Dichte um so höher, je geringer die wirksame Leiterzahl gewählt wird. Im gleichem Sinne wirkt sich eine Herabsetzung der Ständer-Leiterzahl auf die Erwärmung des wirksamen Eisens aus.

In der Wahl der magnetischen Dichte des wirksamen Eisens (effektive Leiterzahl im Ständer) und in der Wahl der spezifischen Stromdichte im Leitermetall (Drahtquerschnitt) sind natürlich Grenzen gesetzt. Diese Grenzen sind erreicht, wenn

a) die zulässigen Temperatur-Grenzwerte am wirksamen Eisen und an der Wicklung,

b) der zulässige Mindest-Wirkungsgrad und Leistungsfaktor

unter Beachtung der erforderlichen Leistung, des Anlaufdrehmomentes und der vorgeschriebenen Überlastbarkeit des Motors erreicht sind.

Vielfach liegen die unter — a — und — b — aufgezeigten Werte bei den neuzeitlichen, hochausgenutzten Drehstrommotoren hart an der Grenze des Zulässigen. Das bezieht sich ganz besonders auf polumschaltbare Motoren und hier wiederum auf solche, die in Einwicklungsausführung für mehrere (bis zu 4) Drehzahlen eine Sonderheit darstellen.

Aus diesen Hinweisen ist ersichtlich, warum der Verfasser in seinen diesbezüglichen Veröffentlichungen immer wieder auf die Notwendigkeit hinweist, gelegentlich einer Neuwicklung die vom Hersteller gewählte Wicklungsart und die Ursprungswickeldaten für den Regelfall beizubehalten. Ausnahmen sind natürlich zulässig und sogar in besonders gelagerten Fällen vorteilhaft. Der Übergang zu diesen Ausnahmen muß jedoch vorher wohl erwogen werden. Das Ergebnis hängt im wesentlichen von der sorgfältigen Beachtung und Berücksichtigung der Auswirkungen ab, die mit einer Änderung der Ursprungswickeldaten und der ursprünglichen Wicklungsart im folgerichtigem Zusammenhang stehen. (Fortsetzung folgt.)

Dipl.-Ing. Wilh. Kircher, Tübingen:

Die zweckmäßige Wahl des Außendurchmessers von Drehstrom-Motoren

Bei der Herstellung von Drehstrom-Motoren ist das Einsatzgewicht des aktiven Materials von vornherein auf ein Minimum zu beschränken. Es können daher nicht irgendwelche Außendurchmesser, die sich aus der üblichen Berechnungsart zufällig ergeben, auch für die praktische Herstellung übernommen werden. Es ergeben sich vielmehr für die wirtschaftliche Herstellung von Rundschnitten aus den normalen DIN-mäßigen Blechtafeln gewisse Durchmesser, an die sich der Berechnungsingenieur halten muß, wenn er einen tatsächlich wirtschaftlich herstellbaren Motor erhalten will.

Dynamobleche werden nach DIN VDE 6400 in Tafeln der Größe 1000 × 2000 geliefert. Diese Formate sind nach dem wirtschaftlichsten Verfahren, d. h. mit dem geringsten Werkstoffabfall, in Rundschnitte zu verwandeln.

Zu diesem Zweck werden die Tafeln in Streifen — normal parallel zur kürzeren Seite — geschnitten, aus denen dann die Rundschnitte ausgestanzt werden. Jeder Rundschnitt erfordert daher im Minimum einen quadratischen Querschnitt. Das größte Quadrat erhält man durch Halbieren der Tafel in der Größe 1000 × 1000. Jedes Quadrat läßt sich aber durch ganz-zahlige Teilung beider Seiten in weitere Quadrate aufteilen, also durch Teilung durch 1, 2, 3 usw. Das sind die ganz-zahligen Teile der kürzeren Seite oder auch die geradzahligen Teile der langen Seite, also der 2., 4., 6. Teil usw. Die ungeradzahligen Teile der langen Seite liefern dagegen Streifen, bei denen jeweils ein halbes Quadrat als

Abfall auftritt, d. h., es kann für den gewünschten Schnitt nicht verwendet werden.

Die Quadrate, die aus den Streifen der geradzahligen Teilung der langen Seite entstehen, seien Formate der A-Reihe und der Reihe nach mit A 1, A 2, A 3 bezeichnet, wobei die Nummer die Anzahl der Quadrate angibt, die aus einem Streifen anfallen.

Die Quadrate, die aus dem Streifen der ungeradzahligen Teilung der langen Seite ausgestanzt werden können, seien Formate der B-Reihe und analog wie vorher mit B 1, B 2, B 3 usw. bezeichnet.

Die wirtschaftlichste Aufteilung der Blechtafel bietet somit nur die A-Reihe. Die B-Reihe ergibt jeweils einen anteiligen Verlust von einem halben Quadrat. Dieser Abfallstreifen kann aber jeweils in zwei Quadrate der A-Reihe aufgeteilt werden und ermöglicht somit bei der Herstellung einer ganzen Typenreihe eine weitere Verwertung, sofern dieser Schnitt verwendet wird. Jede weitere willkürliche Aufteilung führt dagegen meist zu wirklichen Abfällen, deren Verwertung nicht möglich ist.

Es sind daher aus wirtschaftlichen Gründen nur Formate der A-Reihe zu verwenden und Formate der B-Reihe nur dann, wenn sie eine fühlbare Lücke zwischen den A-Formaten ausfüllen können und das halbe Quadrat noch weiter verwendet werden kann. Hierbei ist aber zu berücksichtigen, daß die weitere Verarbeitung des Abfallstreifens mehr Arbeitszeit erfordert, als wenn die entsprechenden Formate unmittelbar aus dem großen Streifen hergestellt werden können, infolge größerer Zusatzzeiten.

Diese Aufteilung der Formate entspricht sinngemäß der Einteilung der Papierformate nach DIN 476.

Es ergeben sich ohne Berücksichtigung der Toleranz folgende Streifenbreiten oder Quadratseiten für die Format-Reihen A und B.

Format Nr. x	Streifenbreite a bzw. b		
	Reihe A	Reihe B	Abfallstreifen
1	1000	666	333
2	500	400	200
3	333	286	143
4	250	222	111
5	200	182	91
6	166	154	77
7	143	133	66
8	125	117	58
9	111	105	52
10	100	95	47

Dabei ist die Streifenbreite a bzw. b und die anteilige Fläche für ein Quadrat der A-Reihe sowie die Anzahl der Quadrate z pro Tafel.

$$a = \frac{2000}{2x} \quad Fa = \left(\frac{2000}{2x}\right)^2 \quad Z_a = 2x^2$$

für die B-Reihe, wenn der Abfallstreifen verwendet werden kann:

$$b = \frac{2000}{2x+1} : Fb = \left(\frac{2000}{2x+1}\right)^2 \quad Z_b = 2x^2 + x$$

Dagegen ist für die anteilige Fläche F, wenn der Abfallstreifen nicht verwendet werden kann, einzusetzen:

$$F'_b = \left(\frac{2000}{2x+1}\right)^2 \quad \frac{x + 0,5}{x}$$

Der Abfallstreifen ergibt jeweils A-Formate der Nr.

$$x' = 2x + 1$$

wenn x die Format Nr. der B-Reihe ist, für die die Quadrate hergestellt werden.

Die so errechneten Werte von F müssen bei der Bestimmung des anteiligen Einsatzgewichtes in Ansatz gebracht werden.

Berücksichtigt man nun noch die zulässigen Minustoleranzen in der Anlieferung der Bleche, — und zwar — 6 mm für die Breite, — 10 mm für die Länge, die erfahrungsgemäß kaum erreicht werden — und ferner, daß der Durchmesser des Rundschnittes um jeweils 1 bis 2 mm vom Rand der Quadratseite entfernt sein sollte, um einwandfreie Rundschnitte zu erzielen, so ergeben sich folgende Werte für die Streifenbreite und den Durchmesser D des wirtschaftlich herstellbaren Rundschnittes:

Format Nr.	Streifenbreite		Durchmesser D	
	Reihe A	Reihe B	Reihe A	Reihe B
1	994	663	990	660
2	497	398	493	395
3	331	284	328	281
4	249	221	246	218
5	199	181	197	179
6	166	153	164	151
7	142	133	140	131
8	124	117	122	115
9	110	105	108	103
10	99	95	97	93

Damit ist die wirtschaftliche Herstellung der Außendurchmesser von Rundschnitten grundsätzlich geklärt.

Die B 1- und B 2-Formate füllen eindeutige Lücken zwischen den A-Formaten aus und ergeben mit den A-Formaten eine Reihe von Außendurchmessern, deren Abmessungen sich weitgehendst an die Normenreihe R 10 anlehnt. Der fehlende Zwischenwert von 800 läßt sich als ein C-Format ohne weiteres auch wirtschaftlich durch Aufteilung der Tafel in 800 und 200 breite Streifen bzw. besser in 834 und 166 breite Streifen erzielen, sofern sich dies als notwendig erweisen sollte. Bei den unteren Werten ist eine Anlehnung an die 20er Reihe möglich, was auch dem normalen Wachstumsgesetz der Motoren entspricht.

Eine genaue Einhaltung der Werte der Normungszahlen ist unzweckmäßig und sinnwidrig. Sie ist sogar zu verwerfen, da hierbei niemals eine wirtschaftliche Fertigung erzielt werden kann.

Der Berechnungsingenieur hat daher diese Werte als gegebene Tatsache zu Grunde zu legen und dementsprechend seine Außendurchmesser zu bestimmen.

Wie wenig die theoretische Berechnung der Motoren gerade auf diese Auslegung Wert legt, zeigt typisch das Berechnungsbeispiel in dem sonst so ausgezeichneten Buch von Prof. Dr. Richter „Elektr. Masch.“ 4. Band 1936. Nach Annahme der verschiedenen Einflußgrößen ergibt sich in dem dort durchgerechneten Beispiel auf Seite 411 „Für den Ständer des Asynchron-Motors ein Außendurchmesser von 245,3 mm, den wir auf 250 mm abrunden“. Durch diese Abrundung ist die wirtschaftliche Herstellung schon unmöglich geworden. Wie wir aus der Tabelle ersehen, wäre ein Außendurchmesser von 246 mm gerade richtig gewesen.

Auch bei angesehenen Firmen finden sich z. B. noch Rundschnitte mit dem Außendurchmesser 206 bzw. 188 mm, bei denen ein erheblicher Abfall des Rohmaterials nicht zu vermeiden ist und die aus diesen Gründen zu verwerfen sind.

Man sollte daher bei der Auslegung der Asynchron-Motoren mittlerer und kleiner Leistung von dem wirtschaftlich herstellbaren Außendurchmesser ausgehen und hierfür den günstigsten Ankerdurchmesser bestimmen, der es gestattet, ein Maximum der Leistung aus dem Material zu erzielen.

Karl Wetzel:

Wicklungsarten bei 2poligen Drehstromständern

Die sehr oft gestellte Frage: „Welches ist die günstigste Wickelart für Drehstromständer", kann bei vier und mehr Polen leicht beantwortet werden. Ohne zu behaupten, daß es eine Wickelart gibt, welche universell für alle Ständer Anwendung findet, sprechen alle Anzeichen dafür, daß sich die Zweischichten-Träufelwicklung mit nicht untergezogenen (überlappten) Spulen ungleicher Weite nach und nach den ersten Platz erobern wird.

Als Sonderfall gelten hinsichtlich der Wickelart die 2poligen Ständerwicklungen. Hier ist es besonders die Ausladung der Spulenköpfe bei einem verhältnismäßig kleinen Durchmesser der Ständerbohrung, welche oft Kopfzerbrechen macht. Hierzu kommt, daß bei modernen Motoren der jüngsten Baujahre die Ständerbohrungen immer kleiner und die Eisenbreite immer größer wurde, kurz gesagt der Wickelraum schrumpfte immer mehr zusammen.

Zunächst seien die einzelnen in der Praxis üblichen Wicklungsarten angeführt. Dieselben gelten für normale Ständer mit Runddrahtwicklung bis etwa 30 PS.

1. Einschicht-Wicklung mit je einer Spule je Phase, welche allerdings aus 2, 3 und 4 Lochspulen bestehen kann, je nach Nutenzahl.

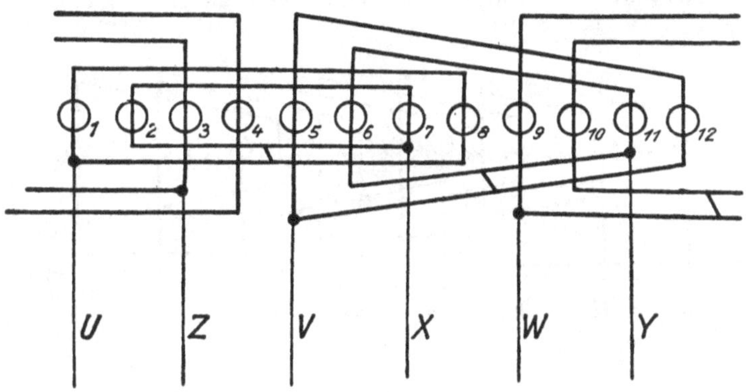

Abb. 1

Lochspulen meist ungleich weit. Zuerst wird die untere Spule eingelegt (1. Phase), dann die mittlere (2. Phase), zuletzt die obere (3. Phase).

Nur günstig bei 12, 18 und 24 Nuten, für kleinere Ständer. Keine Schrittverkürzung möglich (siehe Abb. 1).

2. Einschicht-Wicklung in drei Etagen mit je zwei Spulen je Phase bestehend aus den einzelnen, jedoch zusammenhängenden Lochspulen ungleicher Weite. Früher am meisten angewendete Art.

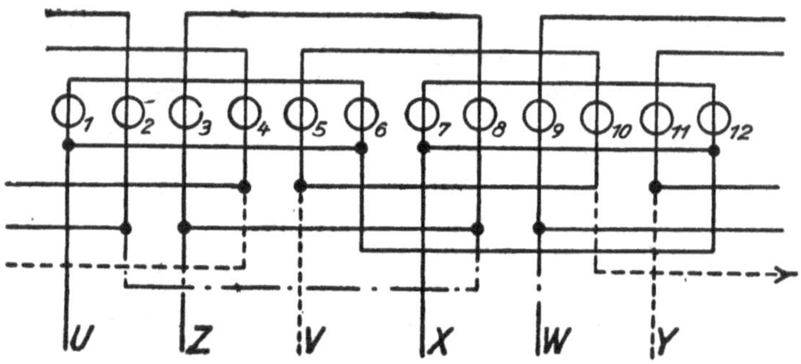

Abb. 2

Nachteile: a) keine Schrittverkürzung möglich,
b) großer Kupferaufwand,
c) große Spulenköpfe, große Ausladung,
d) Drahtlängen der einzelnen Phasen sind verschieden.
(Siehe Abb. 2.)

3. Einschicht-Wicklung mit Einlochspulen gleicher Weite (Spulen

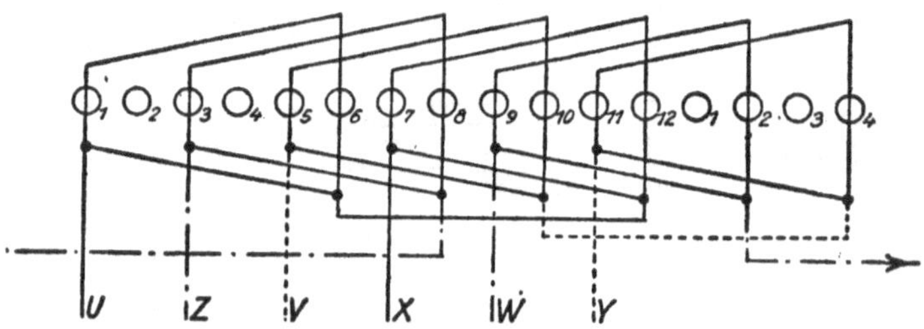

Abb. 3

untergezogen). Für kleinere Ständer ungeeignet, da das Unterziehen der Spulen sehr schwierig ist. Besonders bei Lackdraht gefährlich. Keine Schrittverkürzung möglich. (Siehe Abb. 3.)

4. Zweischichten-Wicklung mit Spulen gleicher oder ungleicher Weite mit untergezogenen Spulen (nicht überlappt). Beliebige Schrittverkür-

zung möglich, d. h. soweit elektrisch verantwortlich. Gilt dasselbe wie unter Ziffer 3 angegeben. (Siehe Abb. 4 und 4 a.)

5. Zweischichten-Wicklung mit Spulen gleicher oder ungleicher Weite. Spulen nicht untergezogen (überlappt). Beliebige Schrittverkürzung möglich, d. h. soweit elektrisch verantwortlich. Da jedoch der Schritt immer verhältnismäßig groß ist, erhält der Spulenkopf eine ziemlich unsymmetrische Form. Für 12, 18 und 24 Nuten noch ver-

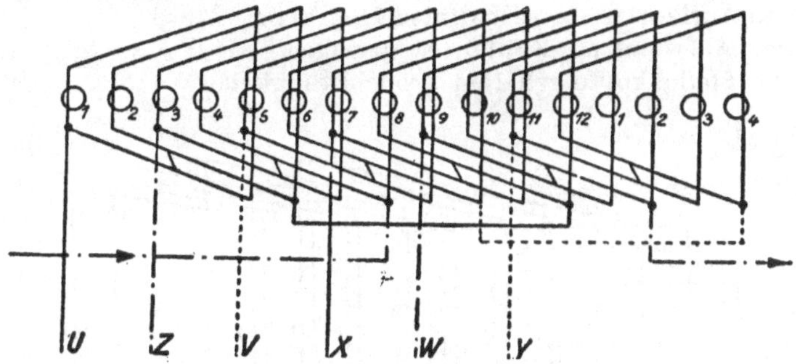

Abb. 4

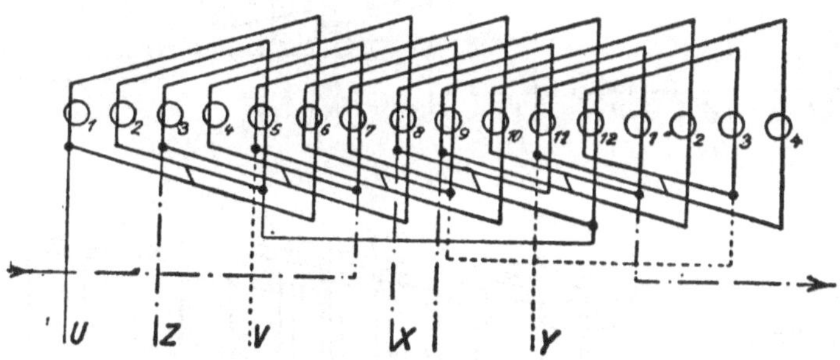

Abb. 4 a

hältnismäßig günstig. Bei 36 und mehr Nuten tritt oben Gesagtes stärker in Erscheinung. (Siehe Abb. 5 und 5 a.)

6. Zweischichten-Wicklung in drei Etagen, je Phase je zwei Spulen in einer Etage, bestehend aus Mehrfachspulen ungleicher Weite. (Siehe Abb. 6.)

Der Versuch mit verschiedenen Wicklungsarten ergab folgendes Bild.

Als günstigste war die Zweischichten-, in drei Etagen ausgeführte Wicklung anzusprechen (Abb. 6).

V o r t e i l e :

1. Dieselbe läßt jede beliebige Schrittverkürzung zu, d. h. soweit elektrisch verantwortlich.
2. Jede Lochspule wird sofort beiderseits in die Nute eingelegt.
3. Das Einlegen der Spulen ist übersichtlich, da immer nur eine Mehrfachspule in der Ständerbohrung liegt.
4. Das Unterziehen der Spulen fällt fort.
5. Die Wickelköpfe erhalten eine symmetrische Form.
6. Drahtlängen der einzelnen Spulen sind gleich.
7. Die Ausladung ist verhältnismäßig klein.
8. Der Aufwand an Kupfer ist geringer.
9. Die Spulenköpfe erhalten große Festigkeit.

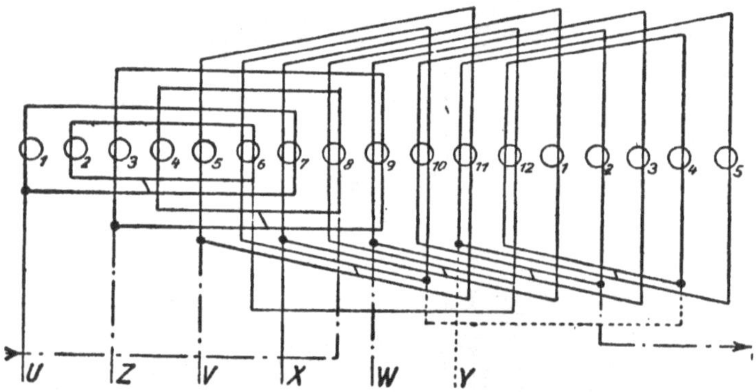

Abb. 5 a

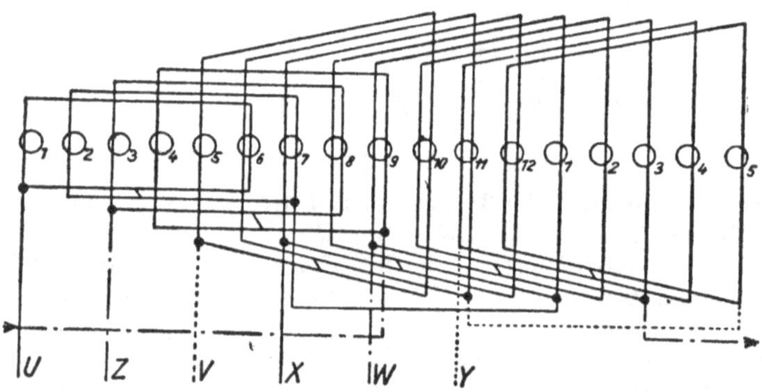

Abb. 5

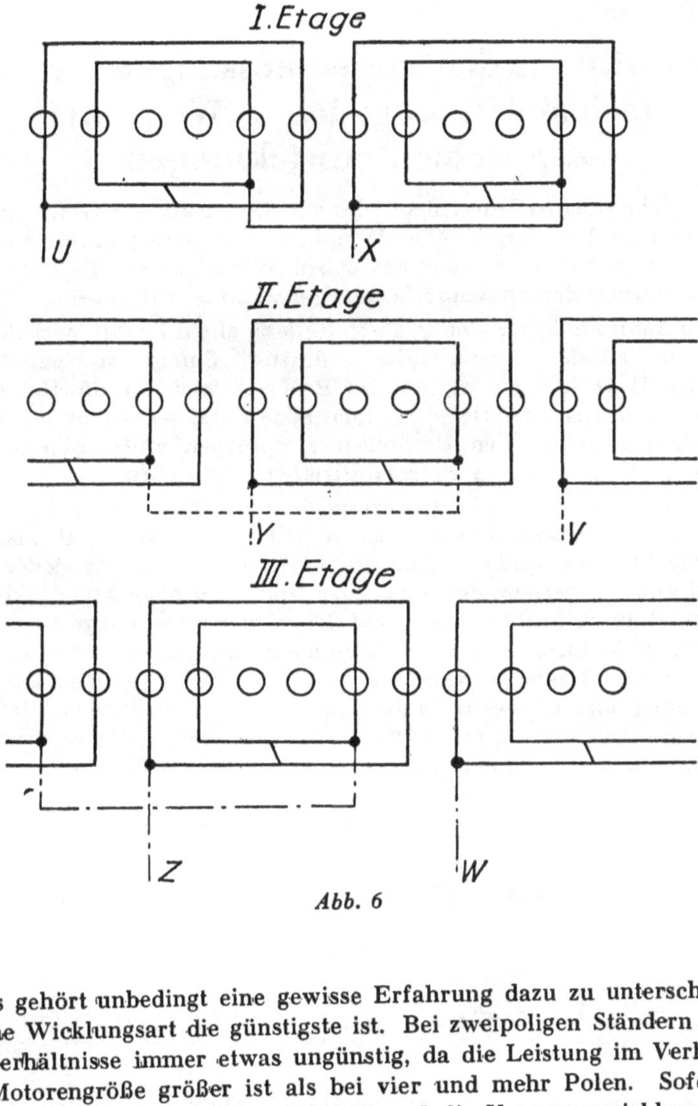

Abb. 6

Es gehört unbedingt eine gewisse Erfahrung dazu zu unterscheiden, welche Wicklungsart die günstigste ist. Bei zweipoligen Ständern liegen die Verhältnisse immer etwas ungünstig, da die Leistung im Verhältnis zur Motorengröße größer ist als bei vier und mehr Polen. Sofern es sich um namhafte Fabrikate handelt und die Ursprungswicklung wird im Ständer vorgefunden, so ist es zweckmäßig, wieder dieselbe Art anzuwenden.

Karl Wetzel:

Die Ermittlung der Spulenmessungen für Mehrfachspulen ungleicher Weite bei Zweischichtenwicklungen.

Nach eingehender Durchsicht des von Herrn Raskop verfaßten Aufsatzes in Heft 1/2 47 EMA über Dreiphasen-Zweischichten-Formspulenwicklungen wird außer eines passenden Wickelgerätes die Ermittlung und Festlegung der Spulenumfänge eine wichtige Frage sein.

Man kann natürlich eine Probespule (aus altem Draht) wickeln, was in jedem Fall das zuverlässigste sein wird. Sofern ein verstellbares Wickelgerät vorhanden ist, ist das Problem leicht zu lösen. Anders jedoch wenn erst eine Holzschablone angefertigt werden muß, welche wenigstens ungefähr den Umfängen entsprechen muß. Kleine Differenzen lassen sich durch Preßspanstreifen ausgleichen.

In diesem Zusammenhang wäre noch etwas über das Schümannsche Wickelgerät zu sagen. Dasselbe ist in seiner Art gewiß ideal, insbesondere für kleinere Spulen. Für größere Spulen müßten jedoch die Wickelräume zwischen den einzelnen Nocken größer sein, z. B. für mittlere Motoren (ca. 4—15 kw) auf der vorhandenen Länge 18 statt 24, für größere Motoren 12 statt 24 Zwischenräume mit entsprechend größerer Breite. Dasselbe würde auch für die Stufenschablone Anwendung finden, welche außerdem größere Unterschiede der Umfänge aufweisen müßte. (Jetzt 50 mm Differenz bei 24 Zwischenräumen, dann bei 18 gleich 70 mm Differenz, bei 12 gleich 90 mm Differenz.)

Obigen Fehler haben sehr häufig auch die üblichen Holzschablonen. Wie sich dies im praktischen Fall auswirkt, zeigen am besten nachstehende Skizzen:

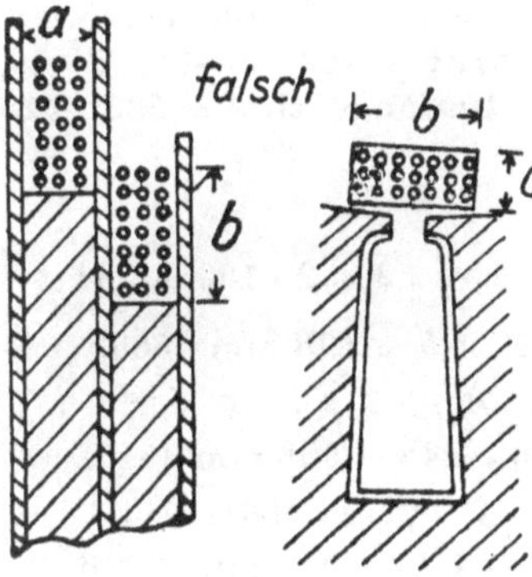

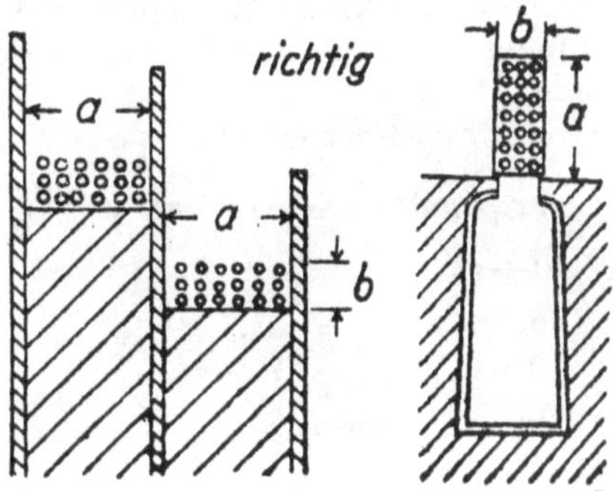

Falsch!	Richtig!
Läßt sich schlecht träufeln. Ergibt eine Menge Kreuzungen. Maß a und b entspricht nicht den Nutenmessungen.	Maß a u. b entspricht den Nutenabmessungen bzw. dem aktiven Wickelraum.

Diese Übelstände haben schon sehr häufig zur Ablehnung der Träufelmethoden überhaupt geführt.

Bei normalen Motoren, d. h. wenn die Ständerbohrung in gewissem Verhältnis zur Eisenbreite steht, kann man die Spulenumfänge auch errechnen.

Hierzu ist ein gewisser Faktor erforderlich, wie nachstehend angegeben:

bei 1 Lochspulen = 1,42,
„ 2 „ = 1,40 u. 1,45,
„ 3 „ = 1,40 u. 1,45 u. 1,50,
„ 4 „ = 1,35 u. 1,40 u. 1,45 u. 1,50.

Ist die Eisenbreite kleiner als die Ständerbohrung:
im Verhältnis 1 : 0,75 so ist der Faktor um 0,10 zu erhöhen,
„ „ 1 : 0,50 „ „ „ „ „ 0,20 „ „

Ist die Eisenbreite größer als die Ständerbohrung:
im Verhältnis 1 : 1,5 so ist der Faktor um 0,10 herabzusetzen,
„ „ 1 : 2,0 „ „ „ „ „ 0,20 „

Zunächst ist das Schrittmaß zu errechnen. Noch einfacher kann man dasselbe mit einem gut biegsamen Bandmaß messen.

$$\text{Schrittmaß} = \frac{\text{Ständerbohrung} \cdot 3{,}14}{\text{Nutenzahl}} \cdot \text{Anzahl der überschnittenen}$$

Nuten. Dieses Ergebnis · 2+2 · Eisenbreite ist mit obigem Faktor zu vervielfachen.

Beispiel: Ständerbohrung 95 mm ∅, E B=100 mm, 36 Nuten. 2 Schichtwicklung 12 Spulen a 3 Loch, Schritt 1—12, 2—11, 3—10, 4 polig. Die in der Praxis ausprobierten Umfänge sind = 585, 515 und 445 mm.

Errechnete Masse:

gr. Spule = Schrittmaß = $\frac{95 \cdot 3{,}14}{36} \cdot 11 = 92 \cdot 2 + 2 \cdot 100 = 384$
1—12 $384 \cdot 1{,}5 = \underline{578 \text{ mm}}$ (585)
mittl. Spule = „ = „ $\cdot 9 = 75 \cdot 2 + 2 \cdot 100 = 350$
2—11 $350 \cdot 1{,}45 = \underline{508 \text{ mm}}$ (515)
kleine Spule = „ = „ $\cdot 7 = 57 \cdot 2 + 2 \cdot 100 = 314$
3—10 $314 \cdot 1{,}40 = \underline{442 \text{ mm}}$ (445)

bei Eisenbreite 50 mm (Verhältnis 1:0,5)

gr. Spule = Schrittmaß = $\frac{95 \cdot 3{,}14}{36} \cdot 11 = 92 \cdot 2 + 2 \cdot 50 = 284$
1—12 $284 \cdot 1{,}7 = \underline{483 \text{ mm}}$ (485)
mittl. Spule = „ = „ $\cdot 9 = 75 \cdot 2 + 2 \cdot 50 = 250$
2—11 $250 \cdot 1{,}65 = \underline{413 \text{ mm}}$ (415)
kleine Spule = „ = „ $7 = 57 \cdot 2 + 2 \cdot 50 = 214$
3—10 $214 \cdot 1{,}6 = \underline{343 \text{ mm}}$ (345)

bei Eisenbreite 150 mm (Verhältnis 1:1,5)

gr. Spule = Schrittmaß = $\frac{95 \cdot 3{,}14}{36} \cdot 11 = 92 \cdot 2 + 2 \cdot 150 = 484$
1—12 $484 \cdot 1{,}4 = \underline{679 \text{ mm}}$ (685)
mittl. Spule = „ = „ $\cdot 9 = 75 \cdot 2 + 2 \cdot 150 = 450$
2—11 $450 \cdot 1{,}35 = \underline{605 \text{ mm}}$ (615)
kleine Spule = „ = „ $\cdot 7 = 57 \cdot 2 + 2 \cdot 150 = 415$
3—10 $415 \cdot 1{,}3 = \underline{540 \text{ mm}}$ (545)

Die eingeklammerten praktischen Maße sind nur ganz unwesentlich verschieden gegenüber den errechneten.

Zunächst scheint diese Methode etwas umständlich. Wenn man jedoch einige Beispiele ausgerechnet hat, und dazu mit dem Rechenschieber umzugehen weiß, so wird man die Schwierigkeiten bald gemeistert haben.

Aus der Praxis für die Praxis

Betr.: Auskunft über Isolierlacke

Frage: Wir hatten in unserem Betriebe mehrere Gleichstromanker gleichen Ausmaßes mit folgenden Daten neu zu wickeln:

440 V, 87 A, 34 kW, 40% ED, 360 U/min,

39 Nuten, 117 Kollektorstege, Nutenschritt 1 : 11, Kollektorschritt 1 : 59, Nutenlänge: 330 mm, Nutenbreite: 11 mm, Nutentiefe: 35 mm,

Maße des nackten Kupferstabes: 6,5 × 2,8 mm,

Nutenisolation: 0,5 mm Preßspan,

Isolierung der Kupferstäbe: jeder Stab mit Jakonettband, 1/4 überlappt

Isolierung der Spule ((3 × 2 Stäbe): in Nutenlänge mit Blaufolie und die gesamte Spulenlänge mit Jakonettband 1/2 überlappt.

Die ersten Anker fielen zur Zufriedenheit aus und laufen heute noch, während nach Eingang von neuem Isolierlack betriebsfähige Wicklungen nicht mehr hergestellt werden können. Einer der fehlerhaften Anker war nur etwa 1/2 Tag in Betrieb. Beim Abreißen konnte Isolationsbeschädigung nicht festgestellt werden. Lediglich waren die Kupferstäbe grün und gleichfalls hatte sich auch das untere Jakonettband verfärbt. Die Neuwicklung wurde nun mit der allergrößten Sorgfalt ausgeführt und wiederum lief der Motor nur etwa 1 1/2 Tag. Auch hier zeigte sich die gleiche Grünfärbung wie vorher.

Die Meinungen über die Fehlerursache gehen hier sehr auseinander. Isolierlack von der verwendeten Sorte steht augenblicklich nicht mehr zur Verfügung.

Ich habe mich schon einige Monate mit der Klärung dieses Fehlers beschäftigt, bin aber — da es mir an einschlägiger Literatur fehlt — zu keinem Erfolg gekommen.

Aus diesem Grunde möchte ich Sie höflichst bitten, mir Auskunft zu geben,

1. ob die Grünfärbung (Oxydbildung) die einzige mögliche Ursache des Versagens gewesen sein kann,
2. welche Stoffe im Isolierlack bewirken diese Grünfärbung,
3. wie geht dieser chemische Vorgang vor sich,
4. welche Auswirkung hat diese chemische Umbildung auf den elektrischen Strom,
5. wie kann man den Isolierlack prüfen und die schädlichen Stoffe gegebenenfalls ausscheiden.

Antwort: I. Über die Vergrünung und Grünspanbildung bei imprägnierten Kupferwicklungen gibt das Buch: Raskop, „Isolierlacke", Seite 122 bis 123 (1. Auflage vergriffen, Neuauflage 1948 z. Z. im Druck) folgende Auskunft:

„Zeigen sich an den imprägnierten Wicklungen Vergrünungen und Grünspanbildungen, so kommen folgende Ursachen in Frage:

a) Die Umspinnung oder Umwicklung der Dynamodrähte ist während der Lagerung in feuchter oder dumpfer Luft durch Spaltpilze infiziert worden.
b) Der oder die Wickler hatten starke Schweißabsonderungen an den Händen, oder salzige Fette sind mit der Drahtumspinnnung in Berührung gekommen. Es sind ungeeignete Schlupfmittel (bei Durchzugswicklungen usw.) verwendet worden.
c) Die Werkstücke haben vor der Imprägnierung zu lange in feuchter Luft gelegen (bevor dieselben in den Trockenofen gebracht wurden).
d) Der verwendete Isolierlack hat eine zu hohe Säureziffer.
e) Bei Hochspannungsmaschinen treten während des Betriebes in den Nuten stille Entladungen auf, die zu Ozonbildung und bei Zutritt von Feuchtigkeit zur Bildung von salpetrigen Säuren führen können.
f) Die Oberfläche der Kupferleiter wirkt als Katalysator für die Sauerstoffaufnahme des in dem Isolierlack enthaltenen Öles. Durch Feuchtigkeits- und Sauerstoffaufnahme erhöht sich wahrscheinlich die Säureziffer des Öles. Durch die Erhöhung der Säureziffer wird der Isolationswert herabgesetzt.

Um die Grünspanbildung zu verhindern, versucht man vielfach die Bildung von salpetrigen Säuren schon im Entstehen durch Zusatz geeigneter chemischer Substanzen zu neutralisieren.

Die fertigen Wicklungen oder Drähte, bzw. Spulen kann man in basische Substanzen tränken. Als geeignetes Mittel können organische Basen, wie Diphenylamin oder Lösungen hiervon in Frage kommen. Hierdurch werden die Säuren neutralisiert, also unschädlich gemacht.

Helle Tränklacke neigen leichter zu Vergrünungen, als schwarze (Öl/Asphaltlacke) Lacke.

Wenn es sich um leichte Vergrünungen handelt, dann ist die Gefahr nicht so groß, als vielfach angenommen wird. Die Vergrünungen lassen sich mit Sicherheit durch Verwendung emaillierter Drähte (Lackdrähte) oder Emaille 1 · Bw. Drähte vermeiden."

II. Der im Rahmen der Anfrage niedergelegte Befundbericht enthält leider keine konkreten Angaben darüber, warum die letzten Anker ausgefallen sind.

Zwischen dem ursprünglichen, betriebstüchtigen Zustand und der der jetzigen Verfassung liegt die eigentliche Schadensursache, z. B. Windungs-, Lagen- oder Körperschluß. Diese Schadensursache braucht nicht unbedingt in der Ankerwicklung zu liegen, sie kann ja auch im Stromwender (Lamellenschluß, Körperschluß) vorhanden sein.

Der Befundbericht hebt ausdrücklich hervor, daß außer den Vergrünungen keine eigentliche Isolationsschäden in der Ankerwicklung vorgefunden wurden. Dennoch besteht die Möglichkeit, daß die primäre Schadensursache in einem ungeeigneten Isolierlack liegen kann, wohlverstanden — kann —. Indessen können die festgestellten Vergrünungen nicht mit Bestimmtheit als Schadensursache bezeichnet werden, weil nirgendwo innerhalb der Ankerwicklungen Merkmale von Spannungsdurchschlägen vorgefunden wurden. Wäre dies der Fall, dann könnte man mit Recht annehmen, daß die Spannungsdurchschläge durch die Vergrünungen innerhalb der Ankerwicklung hervorgerufen wurden.

Man müßte demnach außer der Ankerwicklung auch den Stromwender sorgfältig untersuchen. Werden hierbei z. B. Schlußbildungen zwischen den einzelnen Lamellen oder gegen Körper vorgefunden, dann läßt sich an dem Befund des Kupfers an den Durchschlagsstellen (Vergrünungen usw.) feststellen, ob als primäre Schadensursache ungeeigneter Isolierlack in betracht gezogen werden kann.

Zweifellos enthält die Darstellung des Vorganges (der Ausfall ist nach dem Wechsel des Isolierlackes eingetreten) die naheliegende Vermutung, daß in erster Linie ein mangelhafter Isolierlack als primäre Schadensursache in Betracht kommt. Die schon nach wenigen Betriebstagen festgestellten Vergrünungen an den Ankerstäben lassen keinen Zweifel darüber aufkommen, daß der Isolierlack minderwertig war. Indessen kann bei der gegebenen Sachlage der Isolierlack nicht mit Sicherheit als Schadensurache bezeichnet werden.

Der Ausfall der letzten Anker erfolgte infolge Windungs-, Lagen- oder Körperschluß in der Ankerwicklung oder im Stromwender. Die Stellen, wo Spannungsübergänge und Schlußbildungen stattgefunden haben, wurden jedoch nicht ermittelt und über den Befund dieser Stellen enthält der Befundbericht keine Angaben, die einen sicheren Rückschluß rechtfertigen.

Es darf nicht unberücksichtigt bleiben, daß die mit dem beanstandeten Isolierlack imprägnierten Anker eine gewisse Zeit lang einwandfrei gearbeitet haben. Das ist ein Zeichen dafür, daß der Isolierlack nicht völlig unbrauchbar war. Die in wenigen Betriebstagen entstandenen Vergrünungen an den Ankerstäben lassen lediglich aut einen mangelhaften Isolierlack schließen.

Anfragen aus dem Leserkreis

An einem Gleichstromanker mit 162 Stäben soll mit 81 Lamellen eine Reihenwicklung hergestellt werden!

Anfrage:

Ich habe einen Gleichstromanker BBC, Typ B 15, 10 PS, 110 Volt, 450 n zur Neuwicklung erhalten, an welchem der Kollekorschritt versehentlich nicht aufgenommen wurde. Nach Fertigstellung der Wicklung ergibt sich die doppelte der bisherigen Ankerdrehzahl.

Der Anker hat 54 Nuten, Wickelschritt 1 13, je Nute 6 Stäbe von je 8,5 · 2 mm Querschnitt, je Nute 3 Teilspulen von je einem Stab. Der Kollektor hat aber nur 81 Lamellen, d. h. etwa die Hälfte der sich ergebenden Stabverbindungen liegt nicht in den Lamellen.

Wie muß nun die Schaltung der Ankerwicklung hergestellt werden?

Antwort:

Normalerweise wird der Kollektor wohl 161 Lamellen erhalten. Der Anker kann möglicherweise von 220 auf 110 Volt umgewickelt worden sein oder der Erbauer hat 81 Lamellen bei 110 Volt für ausreichend gehalten und die Wicklung wie vorgefunden ausgelegt.

Nach dem Stabquerschnitt zu urteilen, kommt nur eine Reihenwicklung in Betracht. Nimmt man an, daß die Nennstromaufnahme des Ankers bei 10 PS-Leistung und 110 Volt-Spannung etwa 77 Amp. beträgt, dann fließt in einem Ankerleiter ein Strom von 77 : 2 = 38,5 Amp. Die Stromdichte/qmm würde dann etwa 38,5 : 17 = 2,2 Amp./qm betragen. Das ist auch bei einer Drehzahl von 450 n sehr gering.

Man kann nun von den vorhandenen 162 Stäben ausgehen und einfach annehmen, daß 161 Lamellen vorhanden seien. Um eine Reihenwicklung herstellen zu können, muß dann zunächst ein Stab blind gelegt werden. Mit den verbleibenden 161 Stäben wird eine ungekreuzte Reihenwicklung mit Schaltschritt (nicht Kollektorschritt) $\frac{161 - 1}{2} = 80$, also 1 — 81 hergestellt.

Die Verbindungen mit den ungeraden Zahlen werden alsdann mit dem Kollektor verbunden, die Verbindungen mit den geraden Zahlen bleiben frei liegen. Hiernach bleiben 80 Verbindungen frei liegen und 81 Verbindungen werden mit den Lamellen verbunden.

Anmerkung: Der Fragesteller teilt nachträglich mit, daß der Motor nach den vorstehenden Angaben fertiggestellt worden ist und einwandfrei arbeitet.

Frequenz-Umformer.

Anfrage: Ich habe die Absicht, für die Erweiterung meines eigenen Prüffeldes einen Frequenz-Umformer herzustellen und erbitte hierzu Ihren Rat.

Antwort: Für die Herstellung eines Frequenz-Umformers kann man normale Drehstrom-Schleifringläufermotoren verwenden.

Legt man beispielsweise die Ständerwicklung eines solchen Motors an die schildmäßige Netzspannung von einer Frequenz 50 Hertz und treibt den Läufer mit Hilfe eines Antriebmotors **entgegen** seiner Drehrichtung (entgegen des Drehfeldes) auf seine synchrone Drehzahl (bei 2polige Motoren = 3000 n, 4polige 1500 n usw.) dann kann man der Läuferwicklung eine Spannung von 100 Hertz abnehmen (Gegenfeldbetrieb). Die ursprüngliche Läuferspannung erhöht sich hierbei im Verhältnis 1 : 2, also auf das Doppelte. Will man die ursprüngliche Läuferspannung beibehalten, dann muß man die Leiterzahl im Läufer halbieren (z. B. 2 Gruppen parallel schalten). Der Leiterquerschnitt im Läufer erhöht sich hierbei auf das Doppelte. Im gleichen Verhältnis steigt auch die Leistungsabgabe des Frequenz-Umformers. Diese Leistung wird dem Läufer teils elektrisch — durch Induktion vom Ständer aus —, teils mechanisch — vom Antriebsmotor aus — zugeführt.

Auf diese Weise kann man Frequenzen bis 1000 Hertz und höher erzeugen.

Wählt man beispielsweise einen 10polig gewickelten Drehstrommotor und treibt den Läufer mit 3000 n im Gegenfeldbetrieb an, dann kann man am Läufer eine Spannung von 300 Hertz abnehmen (Antriebsmotor ist 2polig = 3000 n).

Mit dieser Frequenz kann man eine Motordrehzahl von etwa 17 000 n/Min. erzielen (Normalschlupf). Man spricht hier von Schnellfrequenzen (zum Unterschied von Hochfrequenzen).

Wählt man als Antriebmsotor z. B. einen stufenlos regelbaren Drehstrom-Kollektormotor, dann kann man die Frequenz des Umformers regeln.

Für das Prüffeld eines neuzeitlichen Instandsetzungswerkes wählt man zweckmäßig einen Frequenzumformer für 250 bis 500 Hertz.

Ra.

Die Ausbildung der Elektromaschinenbauer-Lehrlinge in der 3½jährigen Meisterlehre

Als Ergänzung zu dem Aufsatz „Das Werkstatt-Wochenbuch des Elektromaschinenbauer-Lehrlings" in Heft 7/1940 der EMA wird nachstehend ein Entwurf des Berufsausbildungsplanes veröffentlicht.

Entwurf[1]) eines Berufs-Ausbildungspanes für die 3½jährige Meisterlehre im Elektromaschinenbau - Handwerk.

1. Lehrjahr:

Grundforderungen	1. Halbjahr	2. Halbjahr
1. Maschinen-Schlosserei und Dreherei	Handreichungen und Anleitung für die Handhabung der gebräuchlichen Werkzeuge	Gewindeschneiden mit Kluppe, Feilen, Bohren, Verschrauben, Handreichungen an d. Drehbank
2. Werkzeug-Aufmachung und Instandhaltung	Einordnen der Handwerkzeuge in den Werkzeugkästen und Schränken	Anschleifen v. Schraubenzieher, Meißel, Reißnadel usw. Anschleifen der Spiralbohrer
3. Fehlerbestimmung an elektrischen Maschinen und deren Zubehör		Aufsuchen einer Unterbrechung an einem Anlasser. Handhabung des Kurbelinduktors
4. Fachgemäßer Auf-, Ab- und Zusammenbau elektrisccher Maschinen und Zubehör	Handhabung des Flaschenzuges und sonstiger üblicher Hilfsmittel	Zerlegen elektrischer Maschinen und betriebsfertige Zusammensetzung derselben
5. Betriebsfertiger Anschluß elektrischer Maschinen	Anschließen eines Drehstrom-Käfigankermotors mit 3poligen Schalter	Anschließen eines Gleichstrom-Hauptschluß- oder Universalmotors
6. Herstellung von Wicklungselementen und vollständiger Wicklungen einschl. Schaltungen	Umbandeln von Formspulen und Stäben. Abbau einfacher Wicklungen	Abbau einfacher Wicklungen u. Zuschneiden der Isolation
7. Imprägnieren und Trocknen von Wicklungen		
8. Prüfen elektrischer Maschinen nach den VDE-Vorschriften und Kennzeichnung instandgesetzter Maschinen gemäß REM § 84		

2. Lehrjahr:

Grundforderungen	1. Halbjahr	2. Halbjahr
1. Maschinen-Schlosserei und Dreherei	Maßhaltiges Feilen (Vorschruppen u. Schlichten). Handreichungen an der Drehbank. Leichte Nietarbeiten	Maßhaltiges Feilen (Vorschruppen u. Schlichten). Einspannen von Werkstücken in die Drehbank
2. Werkzeug-Aufmachung und Instandhaltung	Aufarbeiten der Schraubenzieher am Schmiedefeuer	Pflege der Werkzeugmaschinen und sonstigen Betriebseinrichtungen. Anschleifen von Drehstählen

[1]) Als Vorschlag ausgearbeitet von Civ. Ing. Fritz Raskop

Grundforderungen	1. Halbjahr	2. Halbjahr
3. Fehlerbestimmung an elektrischen Maschinen und deren Zubehör	Handhabung d. Prüflampe und des Prüfmagneten	Handhabung d. Prüftransformators gemäß REM § 50. Handhabung gebräuchlicher Meßinstrumente
4. Fachgemäßer Auf-, Ab- und Zusammenbau elektrischer Maschinen und Zubehör	Ausbauen von Wicklungselementen. Ausbauen von Wälz- und Gleitlager	Prüffertiger Aufbau instandgesetzter Maschinen. Einbau von Wälz- und Gleitlager
5. Betriebsfertiger Anschluß elektrischer Maschinen	Anschließen eines Gleichstrom-Nebenschlußmotors mit Anlasser, sowie eines Drehstrom-Schleifringläufermotors mit Anlasser	Anschließen eines Drehstrom-Käfigankermotors mit Stern/Dreieckschalter
6. Herstellung von Wicklungselementen und vollständiger Wicklungen einschl. Schaltungen	Herstellung einfach. Träufelspulen für Drehstrom-Wicklungen. Einlegen v. Handwicklungen in kleinen Drehstromständern	Schalten von 4poligen Drehstromwicklungen u. Herstellung der Lötstellen. Herstellung von Gleichstrom-Feldspulen
7. Imprägnieren und Trocknen von Wicklungen	Verdünnen des Imprägnierlackes u. Herrichten des Tränkbades	Imprägnieren einfacher Wicklungen. Bedienung des Trockenofens
8. Prüfen elektrischer Maschinen nach den VDE-Vorschriften und Kennzeichnung instandgesetzter Maschinen gemäß REM § 84	Prüfen von Anlassern, Reglern usw. auf Betriebstüchtigkeit. Vorschriftsmäßig. Absichern elektrischer Maschinen	Prüfen der Wicklungen gemäß ERM § 50 unter Beachtung der Unfall-Verhütungsvorschriften

3. Lehrjahr:

Grundforderungen	1. Halbjahr	2. Halbjahr
1. Maschinen-Schlosserei und Dreherei	Maßhaltiges Feilen (Vorschruppen u. Schlichten). Kollektor-Abdrehen. Schleifen und Polieren d. Kollektors. Aussägen des Glimmers zwischen den Kollektor-Lamellen. Neubelegen eines Kollektors.	Leichte Dreharbeiten, z. B. Andrehen eines Schraubenschaftes einschl. Feilen und Schlichten. Einschleifen von Kohle- u. Metallbürsten., Schichten von Blechkörpern (aktives Eisen)
2. Werkzeug-Aufmachung und Instandhaltung	Aufarbeiten von Flachmeißel einschließl. Härten und Anschleifen	Abschmieden eines Körners einschl. Härten und Anschleifen; desgl. eines Kreuzmeißels
3. Fehlerbestimmung an elektrischen Maschinen und deren Zubehör	Aufsuchen von Körper-, Windungs- und Lagenschluß an Wicklungen	Anschließen einschl. Inbetriebsetzen von elektrischen Maschinen
4. Fachgemäßer Auf-, Ab- und Zusammenbau elektrischer Maschinen und Zubehör	Prüffertiger Aufbau instandgesetzt., Maschinen und Vorbereitung für Leistungsmessungen an Gleich- und Drehstrommotoren.	Zusammenbau elektrisch angetriebener Werkzeuge und Haushaltungsgeräte

Grundforderungen	Halbjahr	2. Halbjahr
5. Betriebsfertiger Anschluß elektrischer Maschinen	Anschließen eines Gleichstrommotors mit Wendepol- und Compoundwicklung einschließlich Anlasser. Anschließen von Meßinstrumenten	Anschließen eines Einphasen-Wechselstrommotors mit Anlaufkondensator
6. Herstellung von Wicklungselementen und vollständiger Wicklungen einschl. Schaltungen	Herstellung von Gleichstrom-Kleinanker-Wicklungen einschl. Schalten. Herstellung der Lötverbindungen am Kollektor. Schalten 2-, 6- und 8poliger Drehstromwicklungen	Herstellung von Gleichstromanker-Formspulen-Wicklungen einschließl. Schalten, Löten u. Bandagieren. Herstellung v. Magnetspulen u. Trafospulen
7. Imprägnieren und Trocknen von Wicklungen	Herstellen eines Feuchtigkeits-Schutzüberzuges bei imprägnierten Wicklungen	Anwendung d. Compoundmassen bei Transformatoren-Wicklungen
8. Prüfen elektrischer Maschinen nach den DVE-Vorschriften und Kennzeichnung instandgesetzter Maschinen gemäß REM § 84	Prüfen instandgesetzter Maschinen gemäß REM § 39. Leerlaufprüfungen instandgesetzter Maschinen. Messungen von Spannung und Strom	Belastungsprüfung eines Gleichstrommotors. Prüfen v. Kollektorankern mit Millivoltmeter (Prüfung auf Windungsschluß und Schaltfehler)

3½. Lehrjahr:

Grundforderungen	Letztes Halbjahr
1. Maschinen-Schlosserei und Dreherei	Ausbau von Ankerwellen, Abschmieden von Feder- oder Nasenkeil, maßhaltiges Feilen derselben und Aufpassen von Riemenscheiben und Kupplungen. Herstellung eines Gleitlagers einschließlich Schmiernuten
2. Werkzeug-Aufmachung und Instandhaltung	Anfertigung eines Tasters, eines Winkels und Spitz-Zirkels. Anfertigung von Spulen-Wickelformen
3. Fehlerbestimmung an elektrischen Maschinen und deren Zubehör	Aufsuchen von Schaltfehlern an Maschinen und Transformatoren
4. Fachgemäßer Auf-, Ab- und Zusammenbau elektrischer Maschinen und Zubehör	Ausrichten gekuppelter Maschinensätze
5. Betriebsfertiger Anschluß elektrischer Maschinen	Anschließen eines Einanker-Umformers, desgl. eines Hochspannungs-Transformators, Frequenz-Umformers, polumschaltbaren Motors
6. Herstellung von Wicklungselementen und vollständiger Wicklungen einschl. Schaltungen	Herstellung polumschaltbarer Drehstrom-Wicklungen, Transformatorenwicklungen, Herstellung von Stabwicklungen
7. Imprägnieren und Trocknen von Wicklungen	Herstellen eines Tropenschutzes bei imprägnierten Wicklungen, Imprägnieren von Lackdrahtwicklungen
8. Prüfen elektrischer Maschinen nach den DVE-Vorschriften und Kennzeichnung instandgesetzter Maschinen gemäß REM § 84	Messung der Kurzschlußspannung bei einem Transformator. Messung der Frequenz eines Wechselstromes. Leistungsmessung eines Drehstrommotors

Schulungsbrief Folge III

Vorbereitung zur Meisterprüfung im Elektromaschinenbauer-Handwerk

Gleichstrom-Ankerwicklungen.

I. Umwicklungen auf andere Drehzahlen und Spannungen.

a) Umwicklung auf andere Drehzahlen.

Soll die Ankerdrehzahl eines Gleichstrommotors oder einer Dynamo aus irgendeinem zweckmäßigen Grunde erhöht oder herabgesetzt werden, so können hierbei zwei Wege beschritten werden.

1. Durch Schwächung des Nebenschlußfeldes. Schaltet man einen ohmschen Widerstand in das Nebenschlußfeld, so werden die Amperewindungen desselben (Windungen mal Strom) herabgesetzt und die Ankerdrehzahl steigt. Diese Feldschwächung ist indessen nur bis zu einem gewissen Grade möglich. Wird hier eine bestimmte Grenze überschritten, so verliert die Maschine ihre „Stabilität" und es tritt am Kollektor Funkenbildung auf. Bewegt sich die beabsichtigte Drehzahlerhöhung in engen Grenzen, soll z. B. die Drehzahl von 1350 auf 1500 n erhöht werden, so läßt sich im Regelfall der vorbeschriebene Weg begehen. Andererseits kann man auch durch eine Verstärkung des Magnetfeldes die Ankerdrehzahl herabsetzen, z. B. durch Anbringung einer Compoundwicklung. Aber auch nach dieser Richtung sind enge Grenzen gezogen, denn die Umwicklung des Nebenschlußfeldes ist teuer und durch die Verstärkung der Feld-Amperewindungen kann die „Kommutierung" (funkenfreier Lauf) gestört werden.

2. Durch Herabsetzung oder Erhöhung der Ankerleiter. Im Regelfall wählt man diesen Weg. Durch Herabsetzung der Zahl der Ankerleiter wird die Ankerdrehzahl erhöht, durch die Erhöhung derselben wird die Ankerdrehzahl herabgesetzt. Die Änderung der Zahl der Ankerleiter erfolgt in dem Verhältnis der beiden Drehzahlen zueinander.

Beispiel: Ein Anker hat 33 Nuten, je Nute 18 Leiter und eine Drehzahl von 1000 n.

Soll die Ankerdrehzahl bei gleicher Spannung und Schaltung der Ankerwicklung auf 1500 n erhöht werden, so ergibt sich die Leiterzahl je Nute aus:

$$\frac{1000}{1500} \cdot 18 = \text{rund } 12 \text{ Leiter je Nute.}$$

Soll hingegen unter Beibehalt des Beispieles die Ankerdrehzahl von 1000 auf 750 herabgesetzt werden, so ergibt sich die Leiterzahl je Nute aus:

$$\frac{1000}{750} \cdot 18 = \text{rund 24 Leiter je Nute.}$$

Das Magnetfeld bleibt hierbei unverändert.

Der Querschnitt (nicht Durchmesser) des Ankerleiters ändert sich in umgekehrter Weise, jedoch im gleichen Verhältnis, wie sich die Drehzahlen zueinander verhalten.

Bei Herabsetzung der Leiterzahl = Erhöhung der Ankerdrehzahl, wird der Leiterquerschnitt verstärkt. Bei Erhöhung der Leiterzahl = Herabsetzung der Ankerdrehzahl, wird der Leiterquerschnitt herabgesetzt. Auch die Leistungsabgabe der Maschine ändert sich in demselben Verhältnis, wie die Drehzahlen zueinander.

Beispiel: Der AEG Gleichstrommotor Type EG 20, 220 Volt, 1300 n 2 PS 8,7 Amp. soll auf 1700 n umgewickelt werden.

Vorgefundene Daten:

Anker: 33 Nuten, je Nute 48 Drähte, Draht 1,15 mm ⌀, Kollektor = 99 Lamellen, Kollektorschritt 1—50.

1. Das Verhältnis der Drehzahlen zueinander ist

$$\frac{1300}{1700} = 0{,}7647$$

48 Leiter mal 0,7647 = rund 36,7, rund 36 Leiter/Nute.

2. Der Querschnitt des Ankerleiters ist rund 1 qmm. Wenn wir denselben durch die Verhältniszahl 0,7647 teilen, so erhalten wir den Querschnitt.

$$1 : 0{,}7647 = 1{,}30 \text{ qmm}$$

der einem Drahtdurchmesser von etwa 1,3 qmm ⌀ entspricht. Die Leistung des auf ca. 1700 n umgewickelten Motors beträgt demnach:

$$2 \text{ PS} : 0{,}7647 = 2{,}61 \text{ PS.}$$

II. Die Umwicklung des Magnetfeldes.

Bei Umwicklungen für höhere Spannungen ist in der Regel auch die Magnetwicklung zu erneuern. Die Feldampere-Windungszahl (Windungszahl mal Ampere) einer Magnetspule, sofern diese denselben Wert behält, ist insbesondere die Wahl des Querschnittes (nicht Durchmesser) des Magnetdrahtes von wesentlicher Bedeutung. Ist nämlich der Querschnitt des Magnetdrahtes richtig festgelegt, so genügt es in der Regel, den einzelnen Spulen dasselbe Kupfergewicht zu geben, welches die vorgefundenen Originalspulen aufweisen, um die ursprüngliche AW zu erhalten. Wenn man außerdem noch darauf achtet, daß die Spulen bei der Umwicklung auch die ursprünglichen Abmessungen erhalten, so kommt man im allgemeinen mit dem richtigen Drahtquerschnitt und dem Kupfergewicht schon zum Ziel. Indessen ist es empfehlenswert, bei der Umrechnung der Magnetwicklung von dem Drahtquerschnitt, von der totalen Windungszahl einer Spule und von der mittleren Windungslänge (in Metern) auszugehen.

B e i s p i e l 1 PS Gleichstrommotor 220 Volt, 1900 n, 4,6 Amp.

M a g n e t w i c k l u n g : je Spule 5750 Windungen, Draht 0,42 mm⌀ = ca. 0,1384 qmm Querschnitt, mittl. Windungslänge einer Spule = 0,44 m.

Die Magnetwicklung soll für 440 Volt umgewickelt werden.

B e r e c h n u n g d e s D r a h t q u e r s c h n i t t e s : Der Drahtquerschnitt ändert sich im Verhältnis der Spannungen 440 : 220 zueinander, also auf die Hälfte (440 : 220 = 2). Derselbe betrug bei 220 Volt = 0,1384, muß also für 440 Volt 0,1384 : 2 = 0,0692 qmm betragen.

Die Windungszahl je Spule erhöht sich im Verhältnis der Spannungen 440 : 220 Volt zueinander, nämlich auf den doppelten des bisherigen Wertes von 5750, also auf

11 500 W i n d u n g e n / S p u l e.

Werden die Magnetspulen so sorgfältig gewickelt, daß die Abmessungen dieselben bleiben wie vorher, so ist auch die mittlere Windungslänge und somit die AW einer Spule unverändert.

B e i s p i e l : Der ohmsche Widerstand einer Magnetspule errechnet sich nach der Formel:

$$\frac{l \cdot w \cdot 0{,}02}{q}$$

l = mittlere Länge einer Windung
w = Anzahl der Windungen einer Spule
0,02 = Leitfähigkeit des Kupfers
q = Drahtquerschnitt.

Dann ist der ohmsche Widerstand einer Spule bei 220 Volt

$$\frac{0{,}44 \cdot 5750 \cdot 0{,}02}{0{,}1384} = \text{ca. } 365{,}6 \text{ Ohm.}$$

Der Widerstand beider Spulen also = ca. 731,2 Ohm. Nach dem Ohmschen Gesetz ist der Strom $I = \frac{\text{Spannung}}{\text{Widerstand}}$.

Der Magnetstrom der Feldwicklung ist demnach bei 220 Volt:

$$I = \frac{220}{731{,}2} = \text{ca. } 0{,}3 \text{ Ampere}$$

und die AW einer Spule (Produkt aus Amp. mal Windungszahl):

$$5750 \cdot 0{,}3 = 1725 \text{ AW/Spule.}$$

B e i 440 V o l t beträgt der ohmsche Widerstand einer Magnetspule

$$\frac{0{,}44 \cdot 11\,500 \cdot 0{,}02}{0{,}0692} = 1462{,}4 \text{ Ohm.}$$

Der Widerstand beider Spulen also = 2924,8 Ohm. Der Magnetstrom der Feldwicklung ist demnach bei 440 Volt:

$$440 : 2924{,}8 = \text{ca. } 0{,}15 \text{ Ampere}$$

und die AW einer Magnetspule:

$$11\,500 \cdot 0{,}15 = 1725 \text{ AW/Spule.}$$

Die sogenannte „Feldstärke" ist also bei doppelter Windungszahl und 1/2 Drahtquerschnitt dieselbe geblieben (siehe Raskop, „Berechnungsbuch des Ankerwicklers", Seite 76—87).

A u f g a b e N r. 14 a:

Der AEG Gleichstrommotor Type EG 20, 2 PS 300 Volt, 1350 n, 11,85 Amp. hat folgende Daten:

Anker: 33 Nuten, 99 Teilspulen = 99 Lamellen, je Nute 33 Drähte, Draht 0,9 mm ⌀, Kollektorschritt 1—50, Wickelschritt 1—9.

Dieser Motor soll für eine Ankerdrehzahl von 1800 n umgewickelt werden.

F r a g e n :

a) Welche Wickeldaten erhält der Anker?
b) Welche Leistung kann der umgewickelte Motor abgeben?
c) Welchen Strom nimmt der Motor bei voller Ausnutzung n a c h der Umwicklung auf?

A u f g a b e N r. 15 a:

Ein 4poliger Gleichstrom-Nebenschlußmotor 27 PS 125 Volt, 800 n, 179 Amp. hat folgende Daten:

A n k e r : 89 Nuten, Parallelwicklung, Kollektorschritt 1 : 2, je Nute 4 Leiter, je Leiter 2 parallele Drähte von 3 mm ⌀ (8 Drähte je Nute). Zahl der Kollektorlamellen = 89.

M a g n e t f e l d : 4 Spulen in Serie, je Spule 2000 Windungen, Draht 1,3 mm ⌀, mittl. Länge einer Windung = 0,82 m.

Dieser Motor soll für eine Spannung von 250 Volt, bei gleicher Leistung und Drehzahl gewickelt werden.

F r a g e n

a) Welche Wicklungsart muß der Anker erhalten?
b) Wieviel parallele Stromzweige hat die vorgefundene Ankerwicklung?
c) Wieviel parallele Stromzweige muß die Ankerwicklung bei 250 Volt erhalten, wenn die Leiterzahl je Nute und Leiterquerschnitt unverändert beibehalten werden soll?

d) Welchen Kollektorschritt erhält im Falle zu — c — die neue Ankerwicklung?
e) Welchen ohmschen Widerstand hat eine Magnetspule bei 125 Volt?
f) Wieviel AW (Amperewindungen) hat eine Magnetspule bei 125 Volt?
g) Welche Wickeldaten erhalten die Magnetspulen bei 250 Volt (Windungszahl und Drahtdurchmesser)?
h) Wie groß ist der Nebenschlußstrom bei 250 Volt?

Aufgabe Nr. 16 a:

Ein Gleichstrom - Nebenschlußmotor (älteren Baujahres) 10 PS, 500 Volt, 950 n, 17 Amp. (offene Ausführung) 4polig, hat folgende Daten:

Anker:

Reihenwicklung, 4polig, 47 Nuten, 141 Teilspulen = 141 Kollektorlamellen, je Nute 24 Leiter, Draht 1,45 mm ∅.

Magnetfeld:

4 Spulen in Serie, je Spule 5000 Windungen, Draht 0,6 mm ∅, mittl. Länge einer Windung = 0,68 m.

Dieser Motor soll eine Hauptstromwicklung mit gleicher AW wie die Nebenschlußwicklung erhalten.

Fragen

a) Welcher Nebenschlußstrom tritt bei 500 Volt auf?
b) Wieviel AW hat eine Magnetspule bei 500 Volt?
c) Wieviel Windungen muß eine Hauptstrom-Magnetspule erhalten, wenn bei Nennlast in der Hauptstromwicklung 17 Amp. fließen und die AW den unter — b — errechneten Wert haben sollen?
d) Welchen Drahtquerschnitt muß die Hauptstrom-Magnetwicklung erhalten?

Aufgabe Nr. 17 a:

Beantworte die mündlichen Fragen Nr. 56, 57, 58, 59, 60, 32, 33.

Lösungen der schriftlichen Aufgaben aus Folge II.

Zur Aufgabe Nr. 7 a:

a) 1 : 2, wie bisher,
b) 4,5 : 2 = 2,25 Amp., da 2 parallele Ankerzweige,
c) derselbe = 2,25 Amp.
d) 0,9 mm ∅ = 0,6361 qmm Querschnitt. $\frac{2{,}25\,\text{Amp.}}{0{,}6361} = 3{,}53$ Amp./qmm.
e) zu 2 parallel.

Zur Aufgabe Nr. 8a:

a) 1 : 3,
b) die doppelte wie bisher, also 2 PS,
c) den doppelten Strom = 9 Amp.,
d) bleiben unverändert,
c) derselbe muß verstärkt oder es muß eine andere Qualität verwendet werden (siehe „Berechnungsbuch" Seite 77).

Zur Aufgabe Nr. 9a:

a) 1 : 3,
b) zu 2 parallel,
c) genau derselbe wie bei 220 Volt,
d) genau wie bei 220 Volt,
e) wie bei 220 Volt, also 1 PS.

Zur Aufgabe Nr. 10a:

a) Eine Reihenwicklung,
b) 2 parallele Stromzweige,
c) 12,3 : 2 = 6,15 Amp.,
d) Anker unverändert, Magnetspulen zu 2 parallel,
e) $^1/_2$ der früheren = ca. 1,5 PS.

Zur Aufgabe Nr. 11a:

a) Entweder eine 4polige Parallelwicklung oder eine Reihen-Parallelwicklung mit vier parallelen Stromzweigen,
b) eine Teilspule wird „blind" gelegt und eine Lamelle ausgeschaltet.
Der Kollektorschritt wird alsdann:
$$\frac{98 - 2}{2} = 48 \text{ also } 1 - 49,$$
c) die doppelte der bisherigen, also etwa 6 PS,
d) = 24,6 Amp.,
e) muß verstärkt werden,
f) in beiden Fällen ist damit zu rechnen, daß infolge Fehlens von Ausgleichverbindungen Funkenbildung am Kollektor auftritt.

Zur Aufgabe Nr. 12a:

a) Ja,
b) 2 parallele Stromzweige,
c) $\frac{121 - 1}{3} = 40$, also 1 — 41 ergibt Reihenwicklung mit 2 parallelen Stromzweigen.

Verlag: Technischer Verlag Herbert Cram, Berlin W 35, Genthiner Str. 13. Fernspr.: 91 42 72. Postscheckkonto: Berlin 32 647. — Herausgeber: Fritz Raskop, (13 b) Friesenried/Allgäu. Druckgenehmigungsnummer 10 687 der Nachrichtenkontrolle der Amerikanischen Militärregierung. Druck: Achilles & Schwulera, Berlin SW 61, Tempelhofer Ufer 17. Reg.-Nr. 2232. — 2000. 9. 48.

FSC
www.fsc.org
MIX
Papier | Fördert
gute Waldnutzung
FSC® C083411

Zeitfracht Medien GmbH
Ferdinand-Jühlke-Straße 7
99095 Erfurt, Deutschland
produktsicherheit@kolibri360.de